BEI GRIN MACHT SICH IHR WISSEN BEZAHLT

Bibliografische Information der Deutschen Nationalbibliothek:

Die Deutsche Bibliothek verzeichnet diese Publikation in der Deutschen National-
bibliografie; detaillierte bibliografische Daten sind im Internet über http://dnb.d-
nb.de/ abrufbar.

Impressum:

Copyright © 2012 GRIN Verlag, Open Publishing GmbH
Druck und Bindung: Books on Demand GmbH, Norderstedt Germany
ISBN: 9783668239296

Maik Scholz

Supramolekulare Strukturen. Herstellung und Charakterisierung

GRIN Verlag

GRIN - Your knowledge has value

Der GRIN Verlag publiziert seit 1998 wissenschaftliche Arbeiten von Studenten, Hochschullehrern und anderen Akademikern als eBook und gedrucktes Buch. Die Verlagswebsite www.grin.com ist die ideale Plattform zur Veröffentlichung von Hausarbeiten, Abschlussarbeiten, wissenschaftlichen Aufsätzen, Dissertationen und Fachbüchern.

Besuchen Sie uns im Internet:

http://www.grin.com/

http://www.facebook.com/grincom

http://www.twitter.com/grin_com

Praktikum

Master-Modul MRC01

Thema: Herstellung und Charakterisierung supramolekularer Strukturen

Dresden, den 6.7.2012

Inhaltsverzeichnis

1. Einleitung

Polyelektrolyte (PEL) sind makromolekulare Stoffe, die eine große Zahl ionisierbarer Gruppen tragen. Durch die Kombination von großer Molmasse und großer Ladungsdichte unterscheiden sich ihre Eigenschaften wesentlich sowohl von denen niedermolekularer Elektrolyte als auch von denen ungeladener Polymere. Durch die Reaktion unterschiedlich geladener PEL kommt es zur Bildung von Polyelektrolytkomplexen (PEC). Deren Anwendungsbereich ist weit gefächert und reicht von der Herstellung permeabler Membranen (PEC als Produkt) bis zum Einsatz als Flockungsmittel (PEC-Bildung als Prozess) [1]. Dabei ist es wichtig den isoelektrischen Punkt der PEC-Bildung zu kennen und die Einflussfaktoren (z.B. Anzahl der ionisiebaren Gruppen, Einfluss eines niedermolekularen Salzes) darauf um die Eigenschaften des PEC zu optimieren.

2. Durchführung

Eingesetzte Polyelektrolyte

Für die Untersuchungen wurden folgende Polyelektrolyte eingesetzt. Als Polykation wurde PDADMAC (Poly-diallyldimethylammoniumchlorid) und als Polyanion EMS (Natriumsalz der Poly(ethylen-*alt*-maleinsäure)), SMS (Natriumsalz der Poly(styren-*alt*-maleinsäure)) und EMT (Poly(ethylen-*alt*-N-Sulfonsäure-ethylen-maleimid)) verwendet. Die Lösungen der Polyelektrolyte wurden zum einen in bidest. Wasser und in Salzlösungen von NaCl (0,5 und 0,05mol/L für Viskositätsmessungen; 0,1 und 0,01mol/L für Statische Lichtstreuung) hergestellt. Die hergestellten Polyelektrolytlösungen wurden vor dem Mischen über einen CME Filter (0,45μm) filtriert.

Viskositätsmessung

Die Viskositätsmessungen wurden mit einem Viskosimeter der Firma Schott durchgeführt. Für die Messungen wurde die Kapillare vom Typ 531 10/I verwendet. Alle Messungen wurden bei einer Temperatur von 25°C durchgeführt. Die Funktion der Hagenbach-Korrektur für die verwendete Kapillare ist $y = 10697,6306 \ x^{-2}$.

Es wurden Messungen zur Beobachtung des isoelektrischen Punktes durchgeführt, dabei wurde zu einer Vorlage von 15mL PDADMAC, im Viskosimeter in 1mL-Schritten das jeweilige Polyanion, bis zum isoelektrischen Punkt zugegeben danach in 2mL-Schritten bis eine Zugabe von 20mL an Polyanion erreicht war. Für EMS wurden diese Untersuchungen auch in NaCl-Lösungen (siehe oben) durchgeführt.

Als weiteres wurden Verdünnungsreihen von im Voraus in einem bestimmten Mischungsverhältnis von Polykation zu Polyanion gebildeten PEC gemessen. Die einzelnen Polyelektrolyte wurden dabei in Wasser gelöst über eine Schlauchpumpe vermischt. Es wurden folgende PEC's hergestellt.

- PDADMAC : EMS im Mischungsverhältnis 10:3 und 10:4,5
  - Bezeichnung PEC-EMS-0,3 bzw. PEC-EMS-0,45
- PDADMAC : SMS im Mischungsverhältnis 10:3 und 10:4,5
  - Bezeichnung PEC-SMS-0,3 bzw. PEC-SMS-0,45

Statische Lichtstreuungsmessungen

Die Messungen wurden an einer SOFICA Apparatur bei einer Temperatur von 22°C durchgeführt. Alle Messungen erfolgten in Quarzküvetten mit einem Durchmesser von 2,1cm. Es wurden Messungen zur Beobachtung des isoelektrischen Punktes unter dem Einfluss von NaCl und Verdünnungsreihen von PEC's gemacht Die Herstellung der PEC's erfolgte analog zu den Viskositätsmessungen.

3. Ergebnisse

Viskositätsmessungen

In Abbildung 1 sind die Kurvenverläufe der Viskositätsmessungen zur Ermittlung des isoelektrischen Punktes abgebildet. In Tabelle 1 sind die minimale spezifischen Viskositäten der einzelnen Systeme aufgelistet.

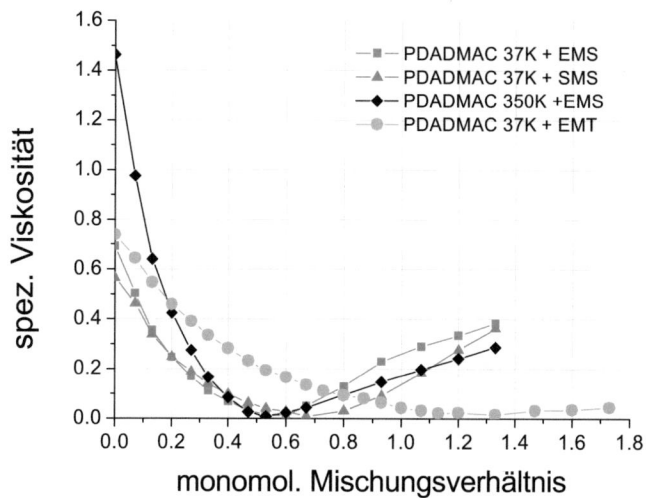

Abb. 1 spez. Viskosität in Abhängigkeit des monomolekularen Mischungsverhältnisses

Tabelle 1 Ermittelte minimale spezifische Viskositäten

	Monomol. Mischungsverhältnis bei $\eta_{spez, min}$
PDADMAC 37K + EMS	0,53
PDADMAC 350K + EMS	0,53
PDADMAC 37K + SMS	0,67
PDADMAC 37K + EMT	1,33

In Abbildung 2 ist der Einfluss eines niedermolekularen Salzes auf die Bildung des PEC zu erkennen. Es ist bei einer Konzentration von 0,05mol/L NaCl ein deutlicher Anstieg der spez. Viskosität um fast eine Größenordnung bei einem Mischungsverhältnis von 0,4 zu beobachten. Bei 0,5mol/L NaCl ist keine starke Veränderung des Kurvenverlaufes zu erkennen, lediglich ein leichter Anstieg der Kurve ist zu verzeichnen.

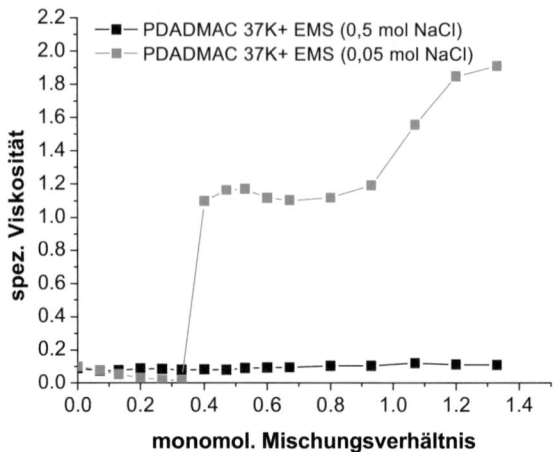

Abb. 2 spezifische Viskosität in Abhängigkeit des monomol. Mischungsverhältnisses unter dem Einfluss von NaCl

Die Verdünnungsreihen der PEC's erfolgten nach dem Schema das in Tabelle 2 gezeigt ist zusätzlich dazu sind die Konzentrationen des jeweiligen PEC mit angegeben.

Tabelle 2 Verdünnungsschritte und Konzentrationen der verschiedenen PEC's

Zugabe H_2O [mL]	0	1	3	5	8	11	15	23	35	55
PEC-EMS-0,3 [g/L]	0,65	0,61	0,55	0,49	0,43	0,38	0,33	0,26	0,20	0,14
PEC-EMS-0,45 [g/L]	0,74	0,69	0,62	0,56	0,48	0,43	0,37	0,29	0,22	0,16
PEC-SMS-0,3 [g/L]	0,72	0,68	0,60	0,54	0,47	0,42	0,36	0,29	0,22	0,16
PEC-SMS-0,45 [g/L]	0,84	0,79	0,70	0,63	0,55	0,49	0,42	0,33	0,25	0,18

SLS-Messungen

In den Abbildungen 3-6 ist die Abhängigkeit des Trägheitsradius von der Zugabe an Polyanion (EMS) dargestellt. Die Polyelektrolyte waren dabei jeweils in 0,01 molarer bzw. 0,1 molarer NaCl-Lösung gelöst. Die Zugabe erfolgte in 0,333mL-Schritten zu 5mL PDADMAC-Lösung als Vorlage. Die Bestimmung des Trägheitsradius erfolgte nach Guinier bzw. Berry.

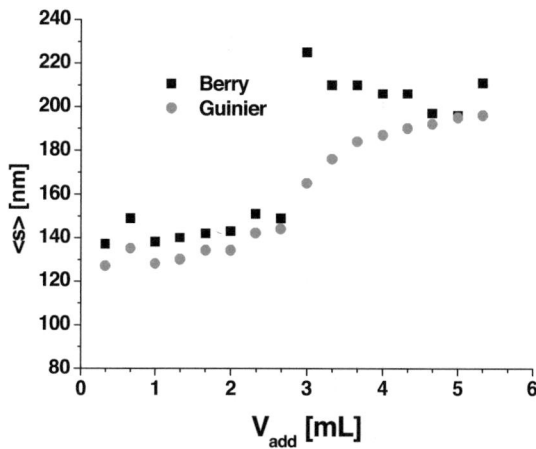

Abb. 3 Trägheitsradius von PDADMAC 37K + EMS in 0,01M NaCl-Lösung

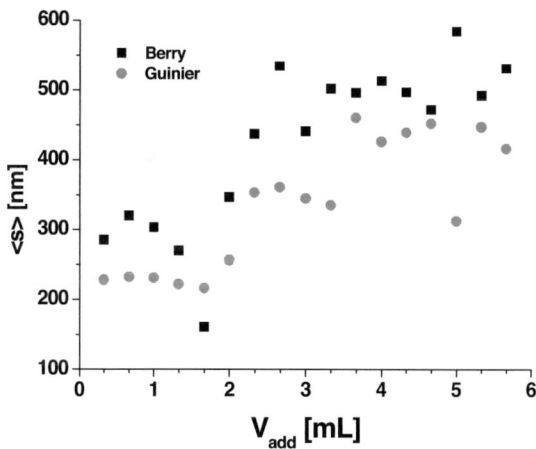

Abb. 4 Trägheitsradius von PDADMAC 37K + EMS in 0,1M NaCl-Lösung

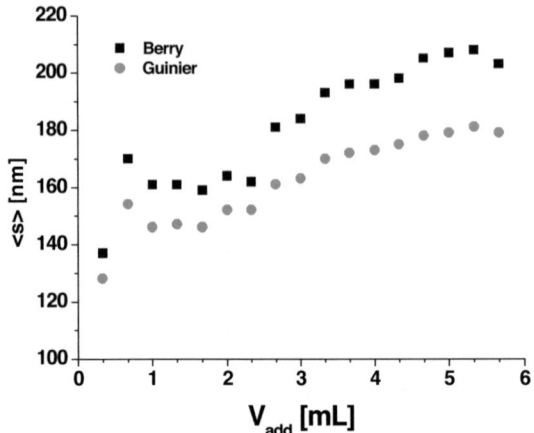

Abb. 5 Trägheitsradius von PDADMAC 350K + EMS in 0,01M NaCl-Lösung

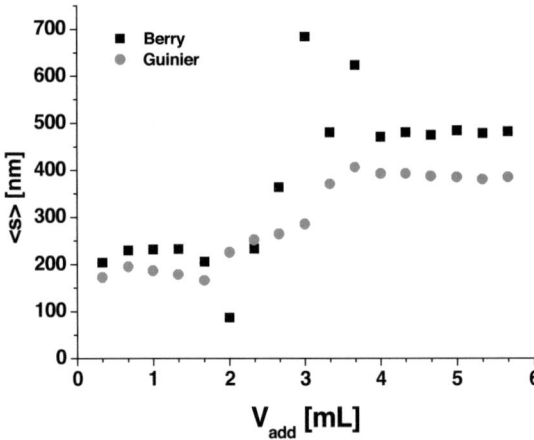

Abb. 6 Trägheitsradius von PDADMAC 350K + EMS in 0,1M NaCl-Lösung

Für die Messung der Verdünnungsreihen wurde das Brechungsindexinkrement durch eine 5-Punktmessung des Brechungsindexes bei verschiedenen Konzentrationen der PEC's bestimmt (Tabelle 3).

Tabelle 3 Brechungsindexinkrement von PEC

PEC	dn/dc	Sigma
PEC-SMS-0,3	0,1210	0,0139
PEC-SMS-0,45	0,0919	0,007
PEC-EMS-0,45	0,1418	0,0062

In Tabelle 4 sind die einzelnen Verdünnungsschritte aufgelistet, dabei erfolgte nach der Gesamtzugabe von 15mL Wasser als nächster Verdünnungsschritt die Entnahme von 4mL des verdünnten PEC und die weitere Zugabe von 3mL Wasser zu den entnommenen 4mL.

Tabelle 4 Verdünnungsschritte und Konzentrationen der verschiedenen PEC's

Zugabe H$_2$O [mL]	0	1	3	7	15	3	5,5	10
PEC-SMS-0,3 [g/L]	0,724	0,579	0,362	0,263	0,152	0,087	0,064	0,047
PEC-SMS-0,45 [g/L]	0,842	0,674	0,481	0,306	0,177	0,101	0,075	0,055
PEC-EMS-0,45 [g/L]	0,74	0,592	0,423	0,269	0,156	0,089	0,066	0,048

Die Auswertung der Daten erfolgte jeweils nach Zimm bzw. Berry (Tabelle 5). Bei den mit --- gekennzeichneten Zellen waren keine sinnvollen Werte bestimmbar.

Tabelle 5 Trägheitsradius und 2. Virialkoeffizient von PEC

PEC	<s> [nm]		A$_2$ [(mol mL/g)^2]	
	Zimm	Berry	Zimm	Berry
PEC-SMS-0,3	93	---	$8,16*10^{-8}$	---
PEC-SMS-0,45	---	188	---	$1,44*10^{-7}$
PEC-EMS-0,45	96	80	$1,96*10^{-7}$	$1,87*10^{-7}$

4. Auswertung

Viskositätsmessungen

Die Viskositätsmessung erweist sich als eine geeignete Methode zur Bestimmung des isoelektrischen Punktes der PEC-Bildung. Am isoelektrischen Punkt werden alle Ladungen kompensiert und die Polyelektrolyte verlieren ihre Stäbchenform, welche

Polyelektrolyte in verdünnten Lösungen auf Grund der Abstoßung der gleichgeladenen Gruppen besitzen, was in einer Abnahme der spez. Viskosität zu beobachten ist. Der PEC besitzt nun eher eine Kugelform [1]. Die theoretischen Überlegungen legten nahe das der isoelektrische Punkt für die verwendeten PEC's bei einem Verhältnis von 1:2 von Polyanion zu Polykation liegen muss, da die Polyanion jeweils zwei ionisierbare Gruppen pro Monomereinheit besitzen. Dieser Wert wurde fast erreicht und lag bei EMS bei 0,53 und bei SMS bei 0,67. Die größere Abweichung bei SMS vom idealen Wert kann durch eine größere sterische Hinderung durch die Styrengruppen in dem Molekül erklärt werden, so das für einen kompletten Ladungsausgleich mehr Polyanion benötigt wird.

Durch die Zugabe eines niedermolekularen Salzes wie NaCl werden die ionisierbaren Gruppen der Polyelektrolyte blockiert und kann nicht zur Ausbildung eines PEC kommen. Auch ist der Anfangswert der spezifischen Viskosität wesentlich niedriger als bei den Messungen ohne NaCl, was wieder auf den Verlust der Stäbchenform der Polyelektrolyte und die Besetzung der ionisierbaren Gruppen mit Gegenionen in den Salzlösungen zurückgeführt werden kann.

Durch die Kenntnis des isoelektrischen Punktes der PEC's konnten gezielt PEC's mit definierten Verhältnissen von Polyanion zu -kation hergestellt werden. Über die Verdünnungsreihen der PEC's wurde die reduzierte Viskosität (Gleichung 2) ermittelt. Durch diese kann durch Auftragung gegen die Konzentration (Huggins) bzw. die spez. Viskosität (Schulz-Blaschke) (Gleichung1) die Grenzviskosität ermittelt werden, in dem man eine lineare Extrapolation der Konzentration bzw. der spez. Viskosität gegen Null vornimmt (Gleichung 2). Aus der Grenzviskosität kann wiederum die Überlappungskonzentration (Gleichung 4) bestimmt werden.

$$\eta_{spez} = \frac{\eta - \eta_0}{\eta_0} \qquad\qquad \eta_{red} = \frac{\eta_{spez}}{c_B}$$

Glg. 1 \qquad\qquad\qquad Glg. 2

$$[\eta] = \lim_{c_B \to 0, G \to 0} \frac{\eta_{spez}}{c_B} \qquad\qquad c^* = \frac{1}{[\eta]}$$

Glg. 3 \qquad\qquad\qquad Glg. 4

In den Abbildung 7 bis 10 sind die Auftragungen nach Huggins und Schulz-Blaschke dargestellt.

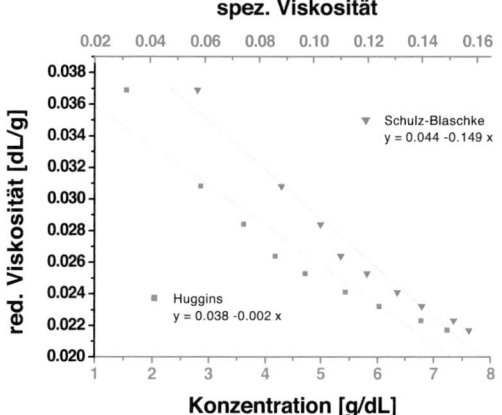

Abb. 7 PEC-SMS-0,3

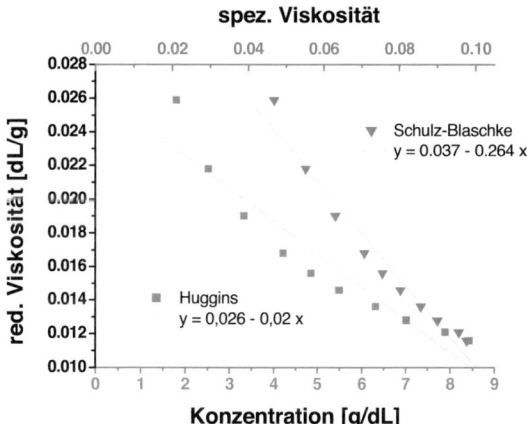

Abb. 8 PEC-SMS-0,45

9

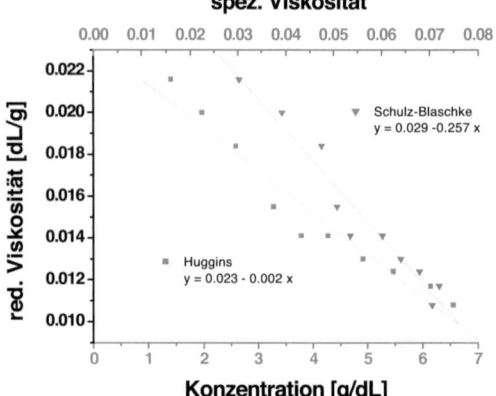

Abb. 9 PEC-EMS-0,3

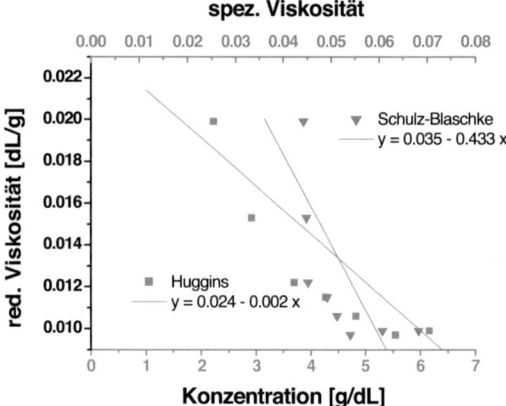

Abb. 10 PEC-EMS-0,45

In Tabelle 6 sind die ermittelten Grenzviskositäten und Überlappungskonzentrationen aufgelistet.

Tabelle 6 Grenzviskositäten und Überlappungskonzentrationen von PEC

PEC	[η] [dL/g] nach		c* [g/L] nach	
	Huggins	Schulz-Blaschke	Huggins	Schulz-Blaschke
PEC-SMS-0,3	0,023	0,029	4,348	3,448
PEC-SMS-0,45	0,024	0,035	4,167	2,857
PEC-EMS-0,3	0,036	0,044	2,778	2,273
PEC-EMS-0,45	0,027	0,037	3,704	2,703

Die verschiedenen Auftragungen zeigen mit unter stark von einander abweichende Werte für die Überlappungskonzentrationen.

SLS-Messungen

Die nach Guinier bzw. Berry ausgewerteten Kurvenverläufe der Abbildungen 3 bis 6 zeigen keinen deutlichen Umschlagspunkt. Jedoch sind die Kurvenverläufe bei niedriger NaCl-Konzentration wesentlich glatter als bei höherer NaCl-Konzentration. Es kann kein genauer isoelektrischer Punkt bestimmt werden, da durch das Salz in der Lösung die ionisierbaren Gruppen blockiert werden, so dass es nicht zu einer PEC-Bildung kommen kann. Die Störung der PEC-Bildung ist bei den höheren Salzkonzentrationen wesentlich stärker als bei den niedrigeren Konzentrationen.

Die durch die Verdünnung der PEC mit bestimmten Mischungsverhältnissen berechneten Trägheitsradien zeigen für PEC-EMS-0,45 das die Werte nach Zimm und Borry in einer ähnlichen Größenordnung vorliegen. Der Vergleich der Werte von PEC-SMS-0,45 und PEC-EMS-0,45 zeigt das der Trägheitsradius für PEC-SMS-0,45 wesentlich größer ist. Dies kann mit dem größeren Styrenmolekül zusammenhängen, da dieses die PEC-Bildung auf Grund sterischer Gründe mehr behindert. Der ermittelte Trägheitsradius von PEC-SMS-0,3 wiederum liegt im gleichen Größenbereich wie PEC-EMS-0,45, was darauf zurückgeführt werden kann, da dieser PEC weniger SMS beinhaltet und dadurch kleiner ist.

Quellen

- [1] Heike Köpke, „Polymere mit reaktiven Seitenketten als Modellverbindungen zur reversiblen Vernetzung - Polyelektrolyte", Dissertation TU Clausthal (1994)
- [2] K.F. Arndt, G. Müller; „Polymercharakterisierung", Carl-Hauser Verlag München Wien (1996)